Le Chat d'après les Japonais

Jules Adeline

JULES ADELINE

LE ✣ CHAT

d'après les Japonais

DEUX EAUX-FORTES ET CROQUIS LITHOGRAPHIÉS

ROUEN
De l'Imprimerie Cagniard

1893

A EUGÈNE LAMBERT
Au maître peintre des chats d'occident.

J. A.

LE CHAT D'APRÈS LES JAPONAIS

En Chine, a dit notre ami Champfleury, le chat est figuré surtout par la statuaire céramique, en *blanc de Chine*, en *bleu turquoise*, en *vieux violet*. M. Jacquemart, dans son *Histoire de la porcelaine*, cite un chat en *vieux violet* qui fut vendu dix-huit mille livres à la vente Mazarin.

Sur les porcelaines plus communes on voit aussi, émaillés en couleurs variées, des chats représentés assis et offrant quelques analogies avec les chats égyptiens. D'autres fois, ces animaux sont figurés en rond, la tête appuyée sur les pattes de devant ; alors ils sont moins naturels, leur tête grimaçante, à oreilles droites ; les yeux exagèrent le caractère félin de la prunelle, fendue verticalement ; souvent même la fente est réelle, et comme le dos porte une ouverture, il est permis de croire qu'on éclairait intérieurement la tête pour obtenir un effet plus saisissant. Bon nombre de ces chats couchés sont des vases à fleurs.

Mais, au Japon, on a fait surtout des chats en porcelaine tachée de rouge et de noir, et Champfleury, sur la cheminée de son petit salon, conservait deux chats de faïence française, vraisemblablement inspirés de ces chats japonais et dont la masse brune n'était égayée que par des yeux jaunes et des semis de piques, de carreaux, de trèfles de même couleur audacieusement jetés sur le dos de ces bêtes énigmatiques. L'auteur des *Bourgeois de Molinchart* avait beau être blasé par la vue de ces bibelots, lorsque, fumant sa pipe et à demi somnolent, son petit œil bridé rencontrait les chats de faïence, un éclair semblait luire à travers ses paupières mi-closes.

Il rêvait, sans nul doute, cet ami des chats, à d'autres porcelaines fines, et aussi à ces images répétant souvent la figure de ces curieux animaux. C'est qu'en effet si les Japonais ont le plus souvent représenté le chien toujours dans le jardin, ils ont aimé, au contraire, à représenter le chat se faufilant au plus intime de l'intérieur. Là, il est près d'une dame à sa toilette, ailleurs les enfants s'en amusent pendant que les dames prennent le thé, tantôt ce sont de petites scènes avec personnages à figures de chats, sortes de dessins humoristiques dans le genre des fantaisies de Kaulbach et de Grandville, tantôt ce sont des têtes de chats de dimensions colossales, faites de chats minuscules savamment groupés et dans les attitudes les plus bizarres ; presque toujours ces chats sont blancs avec larges macules brunes ou noires. Il paraît que c'est là l'espèce estimée au pays de l'Extrême-Orient.

*
* *

Tous les chats japonais cependant ne sont pas aussi régulièrement tachetés : tel est, par exemple, celui représenté sur un simple écran acheté pour un prix plus que fort modique il y a, il est vrai, une quinzaine d'années déjà.

C'est donc sur une de ces tiges de bambou fendues en brindilles nombreuses, torses savamment et habilement aplaties, que l'image vulgaire a été collée tout simplement.

Sur cette image — le chat, d'assez grandes dimensions, mesure environ sept centimètres de haut — est représentée la scène suivante :

Une jeune Japonaise vue à mi-corps, coiffée comme le sont là-bas les élégantes qui passent de longues heures à lisser leurs cheveux noirs à l'aide de spatules de bois dur, et qui, pour ménager ce frêle édifice, s'imposent la torture de coucher la tête posée sur un petit chevalet ajouré remplaçant le moelleux oreiller ; une de ces élégantes, la joue appuyée sur la main gauche, caresse de la main droite un *chat endormi*.

Les doigts effilés de la jeune femme se promènent sur le front de l'animal et, au-delà des rebords de la fenêtre où se prélasse le chat blanc, l'oreille au guet et portant un collier rouge à grelot doré, se déroule une perspective d'arbres roses et de mers bleues au milieu desquels des points noirs, des jonques et des toitures enchevêtrées se devinent en arrière de grands panneaux chargés d'inscriptions bizarres.

Le chat — pour nous le principal personnage de l'estampe — mérite qu'on le regarde, non seulement au point de vue du dessin, mais encore au point de vue de l'exécution.

Il a les yeux mi-clos et semble savourer avec délices les caresses de sa maîtresse ; son petit museau laisse à peine dépasser un imperceptible bout de langue rosée. Voilà pour l'expression. Quant au rendu, il est à la fois d'une simplicité et d'une habileté merveilleuses.

On connaît cette planche, célèbre dans l'histoire de la gravure japonaise, représentant un cheval blanc et un cheval noir et dans laquelle le cheval noir seul a été dessiné, gravé et imprimé, tandis que le cheval blanc n'est indiqué que par un simple gaufrage.

Eh bien, l'auteur anonyme de cette modeste estampe s'est inspiré du même principe. Un contour sommaire formé de traits indécis et rompus et de simples et rares hachures qui, au premier abord, semblent jetées négligemment, délimitent les formes de l'animal. Puis à cette planche imprimée en noir pâle on a ajouté une planche de gaufrage qui indique les poils blancs et précise bien les membres. Sur le dos les poils se contournent ; ils sont nombreux et plus fins, presque tassés outre mesure sur le front et le nez ; ils disparaissent complètement au revers de l'oreille.

Et quand on pense que les Japonais ont passé et passent encore, près de certaines gens, pour des êtres fantaisistes n'ayant jamais regardé la nature !

A côté de cet écran typique, un autre du même temps, croyons-nous, paraît bien pâle, — ce n'est d'ailleurs que dans le lointain, près d'un plateau chargé d'un thé, qu'apparaît la silhouette du chat, — toujours blanc, mais cette fois tacheté de gris et qui semble tournoyer traîtreusement autour des friandises. Le regard sournois, le collier rouge au cou et la queue coupée ras, la petite boule de poil semble plus leste que de coutume. L'animal est représenté non pas somnolent, mais sautillant, le dos fortement cambré ; le détail est à noter.

*
* *

A l'exposition de la Gravure japonaise, qui eut lieu en 1890 à l'École des Beaux-Arts, on a pu admirer *Une femme tenant un chat en laisse*. Cette pièce remarquable, imprimée en noir, enluminée au pinceau et rehaussée d'un sablé d'or, datait de l'extrême fin du XVIIe siècle. Elle était signée du nom de Okoumoura Massanobou, que les écrivains d'art, M. S. Bing en tête, classent avec raison dans cette première série d'artistes qui, de 1675 à 1720, suivaient les traditions de Hishikawa Moronobou, qui est considéré comme un des créateurs de l'estampe japonaise, et qui ont largement contribué à la production de pièces imprimées en deux tons et enluminées au pinceau.

Plus tard, Kitakawa Outamaro a reproduit aussi un enfant assis sur les genoux de sa mère et jouant avec un chat, et a signé ce *Rêve du chat* qui est une des

plus amusantes compositions de l'un des artistes dont les œuvres caractérisent bien l'apogée de la chromoxilographie qui prend fin avec le XVIIIe siècle.

Toutefois, la véritable traduction de la légende de cette scène ne serait-elle pas plus tôt le *Cauchemar du chat*, car la scène est si terrible que le mot de rêve parait un peu fade.

On va en juger :

Tout d'abord il est bon de savoir qu'au Japon les rêves ne sortent pas du cerveau. Ils sortent du cœur, ont dit certains auteurs ; ne serait-ce pas plutôt de l'estomac ? ont insinué alors des observateurs doublés peut-être de médecins... puisque la fumée, dans laquelle le sujet rêvé s'enveloppe, se dégage toujours de la gorge.

Un lettré et des plus fins, Edmond de Goncourt, avait déjà pressenti cette théorie qui ne manque pas de vraisemblance. Quoiqu'il en soit, Outamaro, qui était aussi le peintre des élégantes — une sorte de Gavarni doublé d'un Grévin tout simplement — éprouvait de temps à autre le besoin d'abandonner ses sujets habituels pour lancer hardiment sur le papier quelque scène humoristique dont l'effet de gaieté était assuré par avance.

Sans être Japonais, a dit S. Bing, on peut s'amuser de cette scène expressive, la figure maussade du brave homme auquel le chat vient de voler le poisson apprêté pour le repas, les dimensions formidables du bambou avec lequel on se propose de rouer de coups le hardi voleur, autant de détails comiques bien rendus.

Heureusement tout cela n'est qu'un rêve. Le chat endormi, pelotonné, ramassé en boule sur lui-même, laisse voir son petit museau se détachant en clair sur l'extrémité de la queue zébrée. Deux taches noires enserrant étroitement le nez se répètent sur le front et très près des oreilles. Quelques larges taches de ci et de là semblent destinées à servir de rappels de ton à ces taches de la face au milieu desquelles les yeux clos s'accusent par deux petits traits minces : légères extrémités d'accolade interrompue par la large lumière du nez. Le reste, indiqué par de franches hachures bien espacées, ne laisse deviner que des oreilles pointues — un peu inquiètes — et l'extrémité d'une petite patte striée, elle aussi, de petites taches noires, qui semblent souligner avec affectation l'attache de chaque griffe.

Ce chat endormi sur une moelleuse étoffe est donc bien nature, même pour nous autres Occidentaux, mais dans les nuages du rêve quelle scène terrible !

La Japonaise avec son plat vide ne peut nous émouvoir, c'est entendu. Quant au Japonais qui a le triste courage

d'appuyer de tout son poids sur le cou de la pauvre bête et qui, agenouillé, fait encore la moue et semble concentrer toutes ses forces pour retirer de la gueule du chat le poisson volé ; ce Japonais nous fait simplement horreur. Après tout, cette Japonaise surprise et ce Japonais furieux n'avaient qu'à fermer soigneusement leurs buffets, telle pourrait être la moralité de cette belle estampe d'Outamaro.

A côté d'elle il faut citer une planche en couleur de Gakutei représentant *un Chat croyant voir un autre chat dans son image réfléchie par une boîte en laque*, qui est une des plus belles et des plus rares pièces en couleur de la gravure japonaise. De même aussi le *Chat dévorant une tranche de fruit* de Teisai Hokouba. Et que l'on ne croie pas à une fantaisie, un chat européen de notre entourage, *Mi-Ki-Ka*, aimant, lui aussi, à fourrer son museau rosé dans un bouquet de fleurs et ne dédaignant pas les friandises bien parfumées et bien sucrées ; rien ne s'oppose à ce qu'un chat japonais se délecte avec un fruit savoureux.

Avec le *Chat guettant un papillon*, de Koriousai, rappelant la charmante *Distraction*, bien connue, et le *Chat contemplant des poissons rouges*, de Keisai-Yeisen, on rentre encore dans le domaine des choses réelles, mais avec les *Chats acrobates*, d'Hiroshigé, on tombe dans la fantaisie et, avec les costumes extraordinaires dont nous allons parler, on entre encore plus à grands pas dans le domaine de l'imprévu.

*
* *

Cette estampe, dont les tirages modernes sont trop colorés mais dont le dessin est d'un archaïsme bien intense, représente une jeune femme vue de face et un tout jeune garçon vu de dos.

Passons sur les coiffures ornées de multiples épingles, passons sur les tuniques fines aux beaux plis alternés de blanc, de rouge et de jaune, et regardons seulement les robes.

Ces robes sont extraordinaires.

Au milieu des masses sombres d'un violet émaillé de fleurs vertes, au milieu des rayures, se détachent des *têtes de chats* d'une extrême férocité. Les plis des étoffes, traduits par des lignes noires vigoureusement indiquées, sabrent audacieusement les museaux félins. Sur une large manche, près du coude replié, s'étale grimaçante la face d'un chat dont les yeux roulant dans leur orbite glauque sont surmontés de cils effroyablement contournés. Les narines dilatées, la gueule entr'ouverte découvrant de formidables crocs, la tête de chat, immense et blanche, à peine modelée par de légères hachures se détachant sur un fond jaune, apparaît d'un côté de la figure de femme et, de l'autre côté, deux queues jaunâtres, à l'aspect soyeux, nous donnent la sensation d'un animal extraordinaire dont le corps est contourné d'une étrange façon. Dans un autre repli de la manche c'est une tête de jeune chat qui apparaît grimaçante, et sur la traîne superbe s'aplatissant sur le sol, un autre jeune chat, vu de profil et la patte en avant, grimace avec férocité.

Sur le jeune enfant habillé d'une robe qui semble taillée dans la même étoffe, la grosse face de chat réapparaît encore, mais près du cou de grosses taches noires accentuent encore la blancheur de cette face, le museau se perd dans l'ample ceinture et, d'un côté, apparaissent les pattes crispées et, de l'autre, les doubles queues soyeuses.

Ces costumes fantaisistes contrastent étrangement avec la simplicité de faire d'une gravure d'après un dessin de l'école de Tosa, représentant un *Chat endormi sur un brûle-parfums*.

Le brûle-parfums consiste simplement en une sorte de cloche percée de petites fenêtres semblables à d'étroites meurtrières. Des brindilles de fleurs parsèment de taches irrégulières certains espaces de la cloche et en rompent agréablement la monotonie.

Sur le sommet de cette boule luisante, une deuxième boule est posée, c'est-à-dire un chat pelotonné sur lui-même et endormi dans la quiétude la plus parfaite. Ses pattes ne laissent voir aucune griffe, sa queue est ramenée en volute, et la tête, vue de face, est des plus comiques. Avec ses yeux clos autant que possible, avec ses babouines ornées de superbes barbes, le chat a cependant les oreilles dressées pour recueillir de droite ou de gauche la moindre rumeur lointaine, mais entre ces oreilles et cerclant ses bonnes joues rondes, apparaît l'inévitable collier dont le nœud bien placé au sommet de la tête indique un animal de mœurs paisibles.

De tout autre caractère est celui gravé à l'eau-forte et au trait, dans *l'Art japonais*, d'après une esquisse du grand Hokou Saï.

C'est, dans un médaillon circulaire, *Un chat emportant une souris*. Le chat, vu en raccourci ou plutôt très ramassé sur lui-même, a la tête de profil, les oreilles en arrière et l'œil grand ouvert. Le poil hérissé et les griffes en avant, le chat est féroce et la pauvre souris, l'œil à demi-fermé, est bien près de son heure dernière ;

mais, quelque terrible que soit le chat..... à son cou flotte toujours le ruban brodé avec houpette de soie.

*
* *

Faut-il maintenant entrer dans le royaume de l'hallucination ?

A ce point de vue, nous autres gens de l'Occident, nous n'avons pas la moindre idée de ce que les imaginations japonaises peuvent rêver.

Quand nous avons évoqué un fantôme bien blanc se découpant sur un ciel bien noir, nous croyons avoir presque tout dit. Quand nous y avons ajouté un clair de lune, des silhouettes méphistophéliques et des arbres aux branches tordues et rappelant vaguement des visages humains, nous sommes au bout de notre rouleau. Quand nous avons évoqué la fulgurante apparition de la fiancée de marbre de *Zampa*, la terrible *statue du Commandeur*, s'avançant de son pas effrayant et pesamment terrible vers la table du festin, et le vulgaire spectre des *Cloches de Corneville*, nous avons tout dit. Seul, Goya a osé des monstres horribles. Pour nous le fantastique consiste plutôt en éclairage imprévu qu'en formes inconnues.

Or, les Japonais multiplient en des images vulgaires

des rêves beaucoup plus effrayants que ceux de Goya.

Dans de simples images à un sou — à quelques centimes même — les fantaisies les plus audacieuses se succèdent. Parfois cela n'est pas simplement dessiné et colorié ; des brins de roseaux habilement collés aident à la manœuvre de véritables changements à vue, et le tout combiné a pu permettre d'accumuler, dans une surface de quelques centimètres carrés, une réunion de monstres auprès desquels le plus terrible dragon des Hespérides ne devait être qu'un simple caniche bien inoffensif..... à peine déformé.

L'une de ces images fantastiques est bien typique.

La scène représente un intérieur en apparence assez tranquille : près de la bouillotte où chante l'eau du thé, un personnage est accroupi calmement. Mais cela ne va durer.

Tout d'un coup la bouillotte disparaît et au milieu des flammes elle est remplacée par le museau d'un renard. La lanterne ronde s'éteint et une figure grimaçante, tirant la langue affreusement, apparaît. Les volets s'ouvrent, poussés par les mains invisibles de spectres à tête plate et à bras de fer articulés dans des mâchoires terribles. Au-dessus de la veilleuse des figures bleues et vertes, aux tons cadavériques, entourés de cheve-

lures humides traînant très bas comme de longues queues de sombres comètes, se balancent lentement.

Partout grouillent des yeux étranges dont les appendices se terminent en longs filaments, et des rats non moins étranges, n'ayant que deux pattes, mais possédant une tête immense, des oreilles gigantesques, des yeux bleus prodigieusement écarquillés et une gueule terrible et sanguinolente, se meuvent, apparaissent et disparaissent par le moindre interstice.

Au milieu de cet intérieur un chat est représenté et, toutes proportions gardées, ce chat est l'être le plus naturel de tous ceux qui figurent dans cette scène. Il a bien *trois* yeux, mais, à part ce simple détail, il est d'une régularité de dessin rigoureuse.

Il s'avance, vu de face, les pattes de devant bien arquées. Au cou, toujours le collier rouge et l'inévitable grelot. Mais les yeux sont plus ouverts — le troisième surtout — la gueule aussi et le nez dilaté semblent respirer de sauvages effluves. Est-ce avec intention ? Ce chat fantastique, aux yeux si lumineux, est placé près de la grande lanterne dont le papier huilé se frange de rose par le bas.

Derrière la lanterne, suivant le mouvement d'oscillation d'une image fixée par un nœud de soie claire, apparaît, au gré de celui qui regarde, soit une agréable figure de jeune Japonaise au brillant costume, une très séduisante *mousmé*, soit une terrible face de cadavre dont le crâne, aux sutures bleutées et aux noirs orbites, se détache d'un corps invisible toujours enveloppé de la même étoffe à fleurettes roses qui habille si élégamment la gentille mousmé.

Le chat à trois yeux prend ainsi de temps à autre une physionomie terrible lorsqu'il est près du cadavre, mais lorsque la jeune Japonaise le remplace, sa tête étrange disparaît ; c'est le rêve qui se dissipe, ce sont les fumées du nuage d'opium qui s'évanouissent dans le ciel bleu au clair rayonnement du soleil.

***

A côté de ces cauchemars, il y a d'autres scènes représentées sur ces images qui, découpées et montées sur des brins de jonc, arrivaient en France, il y a quelques dizaines d'années, souvent enveloppées dans des sacs soyeux, gaiement décorés de corbeilles enrubannées.

L'une de ces scènes représente tout l'intérieur d'une habitation japonaise. Derrière les cloisons glissantes s'agite tout un monde de gens extraordinaires ; tous sont

J.A.

vêtus et drapés de correcte façon, tous ont des nœuds de ceinture superbes et de vive couleur et de sombres manteaux, mais tous ont des têtes de chats. Quelques-unes de ces têtes sont souriantes, d'autres ironiques, d'autres presque féroces. C'est une villa de chats habillés à la façon de Kaulbach ou de Grandville, et, sur la toiture de cette maison, peuplée d'êtres aussi singuliers, sur les tuiles rougeâtres du faîte saillant, deux vrais chats se prélassent, accroupis face à face ; l'un d'eux lèche sa patte avec béatitude, mais tous deux ont le cou orné du large et traditionnel collier rouge à grelot.

Dans la même série de jouets, et mieux encore peut-être, on peut placer ces découpures à double face qu'un bout de roseau savamment articulé permet de manier et qui, mises en mouvement, rappellent, avec le goût et l'esprit en plus, ces polichinelles vieillots auxquels Épinal adjoint parfois des Colombines d'une si horrible tournure.

L'enfant japonais qui dissimule son visage sous un masque terrible est un des jouets les plus familiers ; il en est de même du chat jouant d'une sorte de grande mandoline ou plus simplement jetant en l'air une de ces balles de soie multicolores qu'il tient légèrement accrochée par les griffes.

Dans le premier cas, le chat est vêtu somptueusement, la tête est espiègle, les petites pattes blanches émergent seules des longues manches.

Le *Chat mandoliniste* est presque souriant, sa gueule entr'ouverte laisse briller de petits crocs suraigus; l'œil bridé semble suivre dans des lointains invraisemblables le dessin d'une mélodie problématique.

Le *Chat jouant à la balle* a la tête ornée d'un vaste nœud au-dessus duquel s'épanouissent des fleurs avec ornements frangés retombant derrière l'oreille.

Tous deux, le nez rose et l'œil fendu en amande, sont exquis. Plus curieux peut-être est le jouet répresentant un *Chat sur un coussin jouant avec une boule.*

Pour ce jouet, comme pour le précédent, ce qui nous surprend surtout, il faut bien le dire, nous autres habitués aux images d'Épinal, c'est le soin avec lequel procèdent les dessinateurs japonais.

Quand nous avons plaqué sur un carton une figure coloriée, quand nous l'avons découpée et soigneusement montée à l'aide de ficelles, *dont les nœuds sont apparents*, nous trouvons que nous avons dit le dernier mot, poussé *le dernier cri* de l'habileté. D'un côté le pantin est colorié, de l'autre il n'offre qu'un carton blanc, il

n'importe, cela est parfait ainsi. Dans l'Extrême-Orient on est plus difficile.

Retournez ces simples jouets japonais, les personnages, vus de face, vous apparaitront vus de dos et aussi strictement dessinés d'un côté que de l'autre.

Le mécanisme bien simple est placé entre les deux feuilles de papier découpées et repliées, ou collées sur les bords, il est dissimulé autant que possible.

Ah! ce ne sont pas nos jouets qui sont supérieurs à ce chat blanc légèrement tacheté de noir, vu de profil et toujours cravaté de rouge avec grelot doré.

Quand le mécanisme — si toutefois le mot n'est pas bien gros pour désigner une simple et très habile combinaison de brins de roseau articulés — quand le mécanisme est mis en mouvement, la patte droite se lève, la boule remue et la queue frétille. Les oreilles dressées, la gueule entr'ouverte, le chat est d'une grande vérité d'attitude, bien qu'indiqué aussi sommairement que possible par un simple contour d'une extrême liberté d'exécution.

* * *

De même, a dit M. Ary Renan, que le chien japonais a, on le sait, une structure particulière, le chat du Japon, lui aussi, n'est pas absolument semblable au nôtre. C'est encore un animal de luxe que les dames portent dans leurs bras ou tiennent en laisse.

Les arts japonais du modelage, dont nous allons très rapidement parler, l'ont représenté sous une forme rebondie à l'excès, comme une masse replète et sans vie. Il faut être averti de la différence de race pour accepter comme chat cet étrange animal ; il faut apprendre, a dit M. Renan, il faut apprendre en quelque sorte la signification de cette forme plastique. De même que dans l'écriture chinoise, tel signe signifie « chat », cette forme plastique signifie également « chat » sans que nous devions nous en étonner, puisque les Japonais ne s'en étonnent pas.

Cette masse replète et sans vie dont parle M. Ary Renan n'est pas cependant sans quelques exceptions nombreuses, nous venons de le voir.

Sans doute dans la belle estampe d'Hiroshigé, « le Faubourg d'Asa-Kusa, vu par la fenêtre d'une maison de thé », le seul personnage de la vignette est bien un chat gras et dodu correspondant bien au signalement donné ; mais dans la page du croquis du même auteur réunissant, en grand nombre, des chats endormis, des chats occupés à leur toilette et des chats joueurs, les attitudes et les formes sont plus variées. Toutefois, tous ont la queue écourtée et n'offrant que l'aspect d'une simple touffe de poils. Mais tous cependant ont de bien justes mouvements. Les uns semblent préoccupés outre mesure de ces balles en soie avec fils d'or qu'ils ont dû, sans nul doute, voler à quelque enfant; les autres, encapuchonnés de cornets de papier, font les gestes les plus drôlatiques du monde pour se débarrasser de leur coiffure gênante. Presque tous, notons-le cependant en passant, sont représentés sans le collier et le grelot traditionnel.

Dans les croquis rapides de Kitao Keisai Massayoshi, on peut étudier de quelle preste façon on peut, en un simple coup de pinceau, indiquer le mouvement exact d'un *Jeune chat procédant à sa toilette*, une des pattes de derrière étendue.

Mais quand on aborde la sculpture, non seulement les formes se précisent, mais l'expression devient elle-même d'une étonnante vérité. Un délicieux groupe en terre, modelé par un artiste de Yédo du commencement du siècle et conservé précieusement par M. S. Bing, est une preuve irrécusable de ce que nous avançons. Le petit groupe a quelques centimètres à peine de hauteur et représente *Une chatte entourée de ses petits*. Le tout peut se placer sur un petit socle en bois ajouré, mais, sur toutes les faces, l'œuvre est travaillée avec une recherche du détail vraiment inouïe. Il est impossible de mieux rendre l'air inquiet de la mère dont les pupilles dilatées semblent perdues dans le vide ; quant aux chatons, accumulés les uns sur les autres, les pattes mélangées et jetées au hasard, ils forment une masse fouillée dans les plus profonds replis et témoignant d'une habileté d'outil peu commune.

A côté de ce groupe de chats, il faut signaler *le Chat endormi*, brûle-parfums en vieux Satzouma, aux armoiries de Tokougava, faisant aujourd'hui partie de la collection Gonse, et le bronze de la collection Cernuschi.

Le premier, offert vers 1780 par le prince de Satzouma à la princesse Tayasou Tokougava, passa, après la terrible révolution de 1868, aux mains d'un banquier d'Osaka. Acquis plus tard par M. Wakaï, c'est aujourd'hui une des belles pièces de la collection de l'auteur de l'histoire de l'*Art japonais*.

Le chat est représenté en boule, endormi aussi complètement que possible, les oreilles aplaties, la langue à demi sortie.

Sur le beau fond, si délicieusement craquelé, de la pâte, des écussons, quadrillés ou semés de chrysanthèmes, se détachent hardiment ; et, autour du cou, tou-

jours le petit collier de ruban noué sur la tête donne sa note dans cette harmonie pâle et sillonnée de fissures extrêmement fines et serrées, sur laquelle s'enlèvent, avec une extrême pureté, des émaux d'une limpidité exquise, complétant, comme l'a si bien dit S. Bing, un ensemble qui tient presque autant de la bijouterie que de la céramique, et qui donne la plus haute idée de ce que l'aristocratique distinction de goût japonais a pu enfanter de plus élevé.

Le *Chat en bronze rehaussé de zébrures d'or* date du XVIIe siècle. Le chat, posant directement sur le sol, est à demi dressé sur ses quatre pattes, les deux pattes de devant infléchies, les deux pattes de derrière posant à plat. L'œil fermé, la gueule entr'ouverte, le cou entouré d'un collier torqué dont les bouts apparaissent entre les oreilles, le chat est d'un mouvement fort juste; mais les zébrures en forme de flammes qui le sillonnent lui donnent une apparence des plus fantastiques.

Cependant, c'est peut-être relativement dans un groupe en ivoire, faisant encore partie de la collection Gonse, que l'on retrouve la plus parfaite reproduction de chat qui puisse surtout nous satisfaire, nous autres Occidentaux.

Ce groupe représente une jeune mère tenant dans ses

bras un jeune enfant, tandis qu'un second enfant plus âgé est accroupi à ses pieds. Tous deux agacent ou jouent avec un chat qui, dressé, les oreilles au guet et les yeux éveillés, met toute son ardeur au jeu. Malgré les petites dimensions, le corps est couvert de stries — procédé habituel des artistes japonais — qui, comme dans un petit Netzké, représentant un singe, que nous possédons, excellent ainsi, à l'aide de courtes hachures tracées sur l'ivoire et légèrement noircies, à donner la sensation de la fourrure la plus soyeuse ou du poil le plus luisant.

***

Enfin, à côté de ces statuettes, de ces figurines et de ces images, une autre représentation du chat chez les Japonais est à signaler.

Sous la simple forme de jouet en relief, sous la simple forme de boîte à friandises, ils savent encore fabriquer des chats dont la fourrure en peluche de soie, savamment coloriée, non moins savamment tondue, laisse de ci de là apparaître la peau rosée.

Quelques-uns de ces chats, souvent la patte en l'air et frottant leur gentil museau rose, sont microscopiques, grands à peine comme des souris, ils peuvent être placés sur la plus étroite plate-forme. Pour ceux-là, la tranche

d'un livre est un Champ-de-Mars immense. Mais d'autres sont grands comme nature, parfois même plus grands encore.

Il y a quelques temps, traversant encore une fois Anvers, dans un de ces immenses bazars japonais approvisionnés de première main et dont les galeries superposées ployent sous le faix d'objets, sinon tous précieux, tous du moins toujours amusants ou bizarres, un de ces chats de peluche de soie nous apparut.

Il avait au moins cinquante centimètres de haut et cependant il portait toujours le très enfantin collier rouge au cou. Il frottait de sa patte velue son museau rosé. Le geste était un peu gauche et roide, l'attitude un peu figée, mais la silhouette d'ensemble était juste. La peluche rouge tranchait peut-être avec trop d'intensité sur le blanc, mais il n'importe, le gros chat, et ce n'était qu'un simple joujou, était bien suggestif. Un souffle rapide, semblait-il, l'eût animé.

Les chats souvent, dans leur toilette méthodique, interrompent quelquefois leurs gestes rythmiques ; parfois le geste esquissé s'arrête brusquement, la patte lancée vivement s'immobilise tout à coup. Le modeleur de ce jouet étrange semblait avoir voulu saisir de son petit œil bridé et subtil cet instant d'hésitation.

*
* *

Et si l'on nous demande pourquoi avoir parlé si longuement du chat d'après les Japonais, quelle excuse pourrons-nous présenter?

Faudra-t-il avouer humblement que ces quelques notes et ces quelques pages ont pu être écrites sous les regards inquisiteurs de deux félins européens (Ki-ki et Mi-ki-ka), circulant librement sur la table de travail.

Qu'on nous permette seulement une dernière anecdote :

Aux environs de Kioto, dans un temple célèbre, il existe, dit-on, un Kakemono de dimensions exceptionnelles. Il mesure douze mètres de haut et représente la mort du Bouddha Sakia-Mouni.

Le saint homme est couché à l'abri d'un arbre : il est entouré de ses disciples, sa mère descend du ciel.

Or, dans un coin de cette mystique peinture apparaît un chat !

L'œuvre était achevée, dit une touchante tradition, l'artiste venait d'essuyer ses pinceaux et il allait remettre le Kakemono entre les mains des bonzes qui le lui avaient commandé, lorsque son chat qu'il aimait beaucoup lui sauta sur l'épaule et lui fit comprendre en

son langage qu'il voudrait bien figurer dans le tableau.

Le maître ne sut pas résister à cette supplication et à ce persuasif ronron, et, en trois coups de pinceau, il fit ce que son favori lui demandait.

Il n'y a pas qu'au Japon qu'on aime les chats, mais ces quelques pages ne vaudront jamais l'esquisse d'un Kakemono superbe ; nous serons toujours inférieurs aux artistes du pays charmant d'Extrême-Orient.

www.ingramcontent.com/pod-product-compliance
Ingram Content Group UK Ltd.
Pitfield, Milton Keynes, MK11 3LW, UK
UKHW021949260726
13994UKWH00004B/1637

9 782329 494623